螢造幸福の美人心機

24款時尚髮型造型書

造型達人 李育螢JOJO、林依靜SMILE 著

JOJO'S 24 STYLISH HAIRSTYLES

李育螢 JOJO

李育螢 LINE

李育螢 FB

| 證照 |

- 國家美容丙、乙級證照
- 國家美髮丙、乙級證照
- 國家男子理髮丙級證照
- C&G 英國彩妝師文憑
- ITEC 英國二、三級文憑
- CIDESCI 瑞士國際美容師證照
- 二級美甲師證照
- 初階芳療證書

| 現任 |

- 摩登美容造型學院擔任美髮證照講師
- 大專院校擔任彩妝、整體造型技職講師
- 科技大學「新娘造型、飾品製作、特效彩妝」技職講師
- 螢造幸福彩妝造型工作室造型總監

| 經歷 |

- 美容科高級職業學校擔任美髮兼課老師
- 美容補習班擔任美髮證照、整體造型講師
- 美國密西根國際競賽「新娘整體造型」評審長
- 婚紗店造型師

林依靜 SMILE

📞 0935-523-354

林依靜 LINE

林依靜 FB

| 證照 |

- ✧ 國家美容丙、乙級證照
- ✧ 國家美髮丙級證照
- ✧ 全國美睫初級技能檢定
- ✧ 英國 ITEC 國際新娘化妝師三級
- ✧ 英國 ITEC 國際新娘髮型設計師三級
- ✧ 美國密西根協會新娘造型師
- ✧ 美國密西根協會特效彩妝師
- ✧ 中華形象設計國際競技協會新娘造型師

| 競賽 |

- 第 6 屆美國密西根 MNS 國際菁英盃競賽新娘化妝整體造型組冠軍
- 第 6 屆美國密西根 MNS 國際菁英盃競賽特殊妝佳作
- 第 6 屆美國密西根 MNS 國際菁英盃競賽珠寶捧花季軍
- 第 7 屆 TINA 盃美業競賽白紗新娘造型技優獎
- 第 17 屆日本 SPC 國際時尚美容美髮大賽 3D 美睫特優獎

| 現任 |

- Smile（依靜）Make up 彩妝造型工作室造型總監
- 厦門泉州石獅美小町 MXD Studio 整體造型導師

| 經歷 |

- ◈ 日本山野美容藝術大學時尚彩妝造型進修研習
- ◈ 韓國首爾時尚新娘造型進修研習
- ◈ 微電影暨公益活動演唱會梳化造型師
- ◈ 培德工家《部落文化聲傳承歌舞劇三部曲》妝髮造型師
- ◈ 傳源文化藝術團《足跡 Kakay》舞劇妝髮造型師
- ◈ 美國密西根 C 級特效彩妝師監察

CONTENTS／目錄

可愛俏皮風髮型解析

優雅淑女風髮型解析

造型、美甲、攝影老師作品分享

Model: 陳香璃

時尚名媛風髮型解析

時尚名媛

現代復古

絲絲入扣

歐美花苞

韓風梳編

時尚名媛

頂部分至黃金點

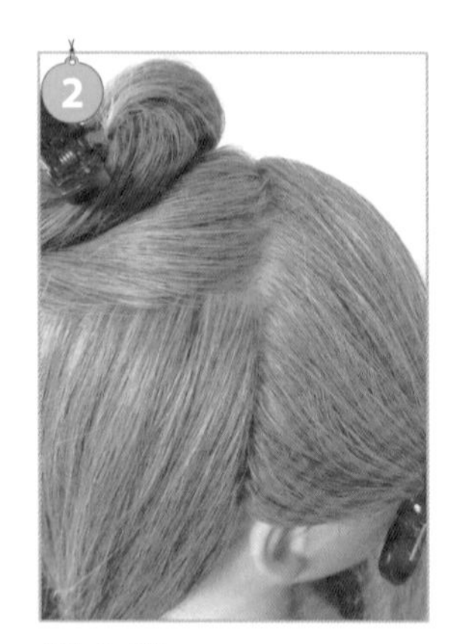

側中線

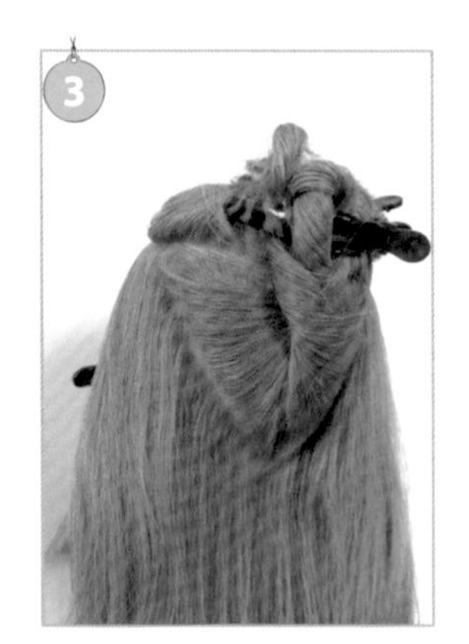

後頭部位置再分一區

三股編

做基座

三股編收尾

兩側 2 + 1 編

交互固定

完成步驟 8

兩側三股 + 雙編

髮尾三股編收尾

完成

Model:
陳小魚

現代復古

分區圖

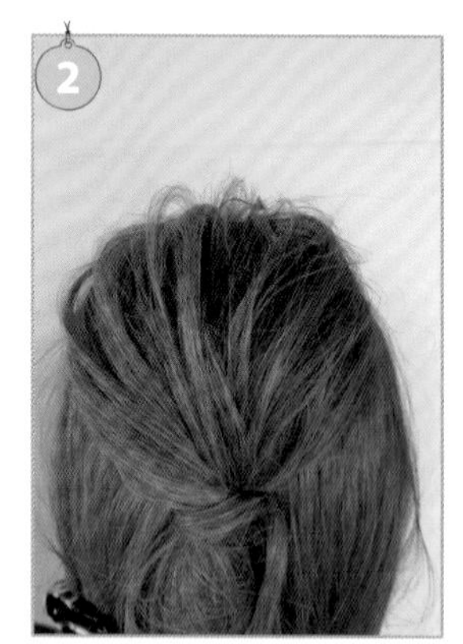

單股固定、抽絲

拉一髮尾蓋住髮夾，再抽

右側單股往左側固定、抽絲

左側單股往右側固定再抽絲

重複步驟 4

重複步驟 5

直到後區收完

整理後部線條

完成

Model: 郭玟君

絲絲入扣

分區圖

分四區

右上角取一小撮綁橡皮筋

髮尾內翻

左側取一小撮綁橡皮筋

往內翻

右下取一小撮，綁橡皮筋後往內翻

左下取一小撮

每一小撮拉鬆，並整理髮尾

兩側頭髮單股向後收

整理線條

擺放飾品

完成

Model: 李汶珈

歐美花苞

分四區，後面綁馬尾

馬尾四周抓線條，髮尾三股編

三股編抓鬆

往上固定

重複步驟 3-4

將髮尾收完

整理毛燥及線條

瀏海髮尾單股收尾

兩側頭髮往上整理

完成

Model: 劉小優

韓風梳編

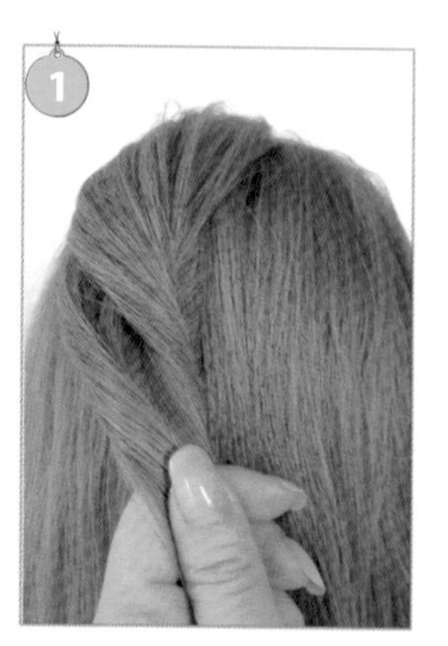

由頂部拉一髮片往下
1 + 1

抽絲

由頂部拉一髮片 1 + 1
往下編

固定抽絲

拉至喜歡的鬆度

左側 1 + 1 編至右側

右側 1 + 1 編至左側

重複前面步驟

瀏海扭轉往後收至空洞處

完成

Model: 陳香璃

Model: 林亮妤

低髮髻氣質髮型解析

三股編盤髮

低馬尾

低馬尾四股編

低馬尾球球

低髮髻快速換髮

三股編盤髮

全區上捲

分五區

後區上方髮根刮鬆梳順，橡皮筋固定

後區下方分三髮束，三股編抽鬆

後區上方分二髮束，三股編抽鬆

上方二髮辮向上扭轉固定

下方中間髮辮扭轉固定

下方左側髮辮扭轉固定

下方右側髮辮扭轉固定

左區雙股扭轉抽鬆固定

右區雙股扭轉抽鬆固定

瀏海區中分為二髮束，單股扭轉抽鬆固定，完成

Model: 梁綺師

低馬尾

後分區

側分區，最後一區綁低馬尾

將上區頭髮放下固定在橡皮筋

兩側單股扭轉固定

固定完成圖

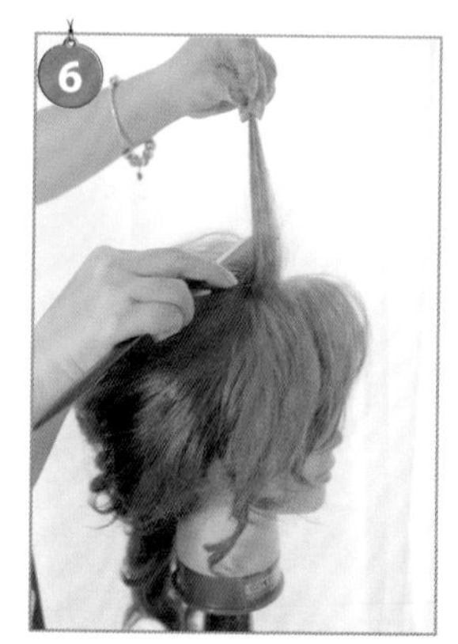

取一小片瀏海刮蓬後往後

整理髮尾

瀏海完成

飾品擺放完成

Model: 賴心雅

低馬尾四股編

分區圖

後區綁低馬尾

頂部頭髮微刮往後收

兩側扭轉往後固定

將髮分四區

四股編

髮尾抓鬆

調整鬆度

完成

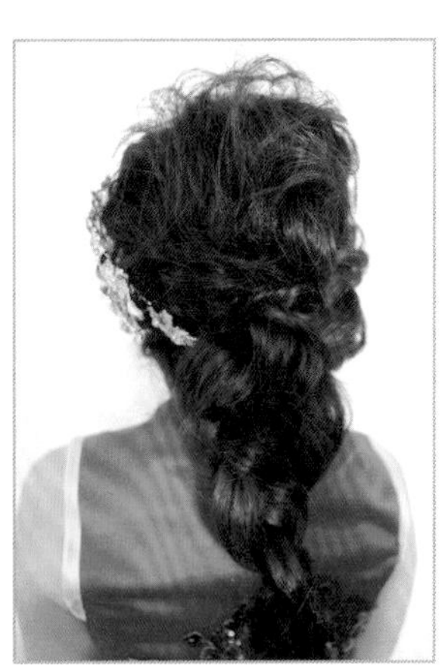

Model: 郭玟君

低馬尾球球

分區圖

後區綁低馬尾

頂部頭髮微刮往後收

兩側扭轉往後固定

髮尾依長度固定橡皮筋

將橡皮筋間的頭髮拉鬆

整理表面與毛燥

飾品擺放圖

完成圖

Model: 劉小優

低髮髻快速換髮

後分區

側分區，最後一區綁低馬尾

將上區頭髮放下固定在橡皮筋

兩側單股扭轉固定

固定完成圖

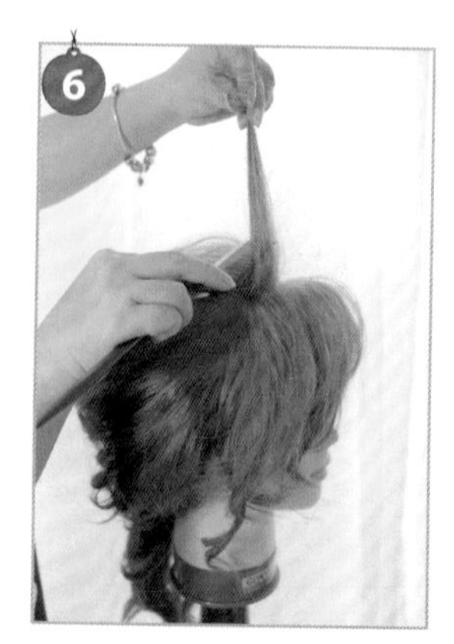

取一小片瀏海刮蓬後往後

整理髮尾

髮尾扭轉往上收

完成

Model: Vivi Tsai

Model: 楊雅文

甜美浪漫風髮型解析

浪漫女孩

典雅側編髮

浪漫韓公主

可愛教主花苞頭

戀上公主

歐美浪漫編髮

蝴蝶結

浪漫女孩

分區

取側部髮片三股加編

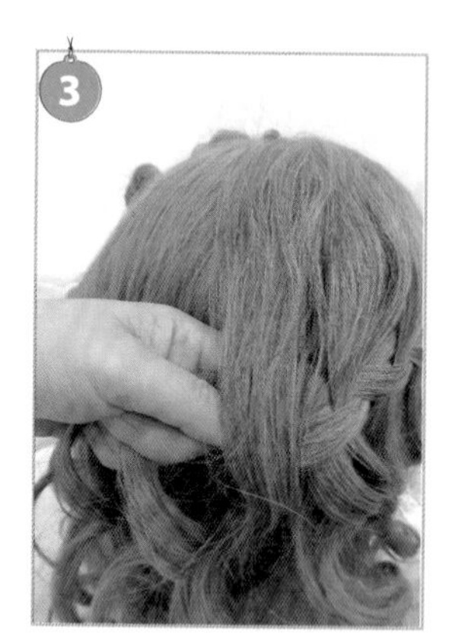

取頂部區髮片加編

三股編

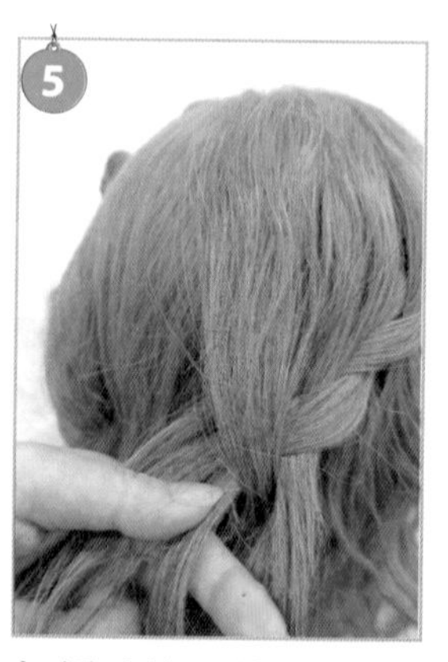

加編時放入外側

只需往第二、三條中間丟，不是真的加編

重複取頂部髮片

剩下髮尾三股編

三股編髮尾固定

將頂部抓鬆

後區線條完成

Model: Vivi Tsai

典雅側編髮

分出瀏海區和右側部區

左側分線即從左側開始編髮

反三股 + 雙編

由左往右編

持續往右編至髮尾

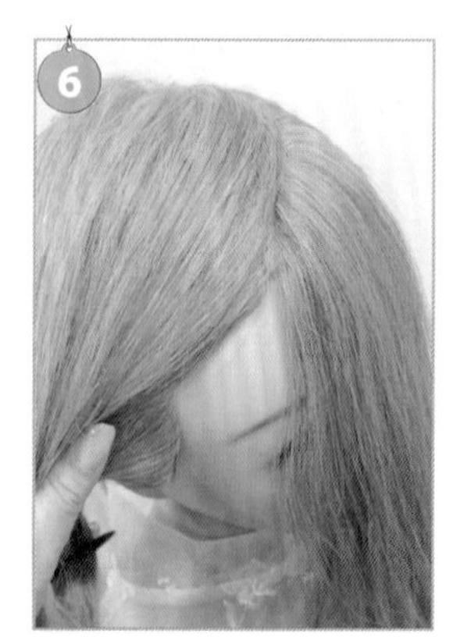

預留一小片瀏海

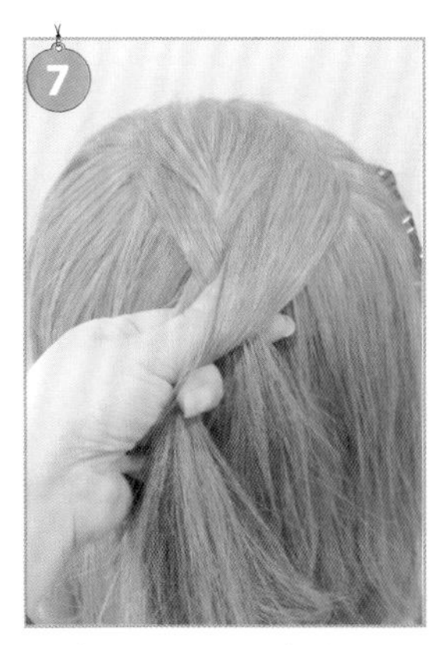

頂部正三股 + 雙編

加編至鬢角處

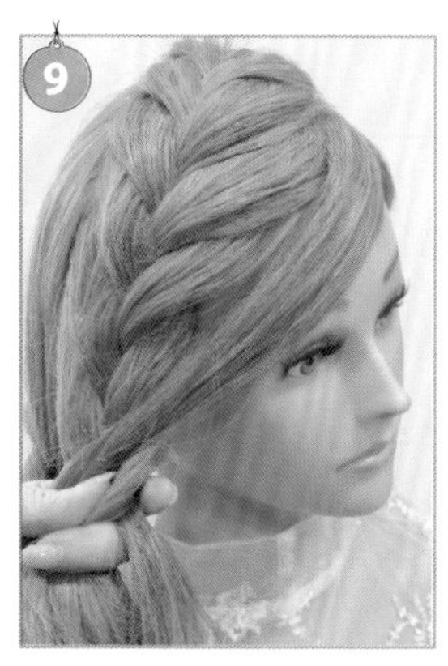

最後將瀏海加入三股編

加入後方成為四股編

飾品配帶完成

Model: 陳小魚

浪漫韓公主

全區上捲

分五區

後區上方髮根刮鬆抽絲，橡皮筋固定

左側髮束單股扭轉抽絲固定

右側髮束單股扭轉抽絲固定

瀏海區中分為二髮束，左側髮束扭轉抽絲固定

瀏海區，右側髮束扭
轉抽絲固定

完成

Model: Ka Ka Wang

可愛教主花苞頭

分四區

綁高馬尾，髮尾不全拉

馬尾固定為球狀

抽絲

兩側三股編

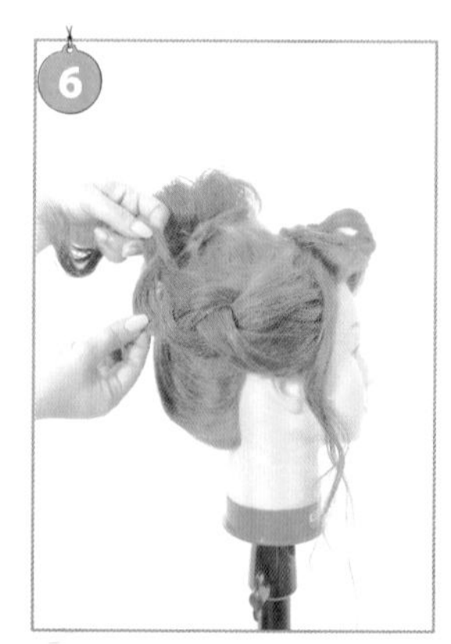

拉鬆三股編

往後固定

飾品固定完成

Model: 賴心雅

戀上公主

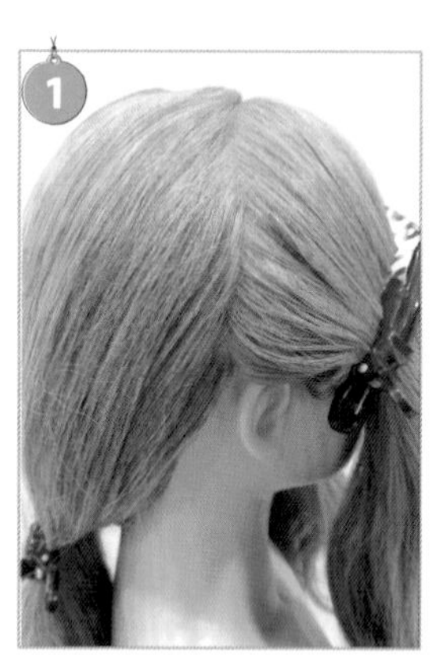

兩側分區

再分上下兩髮片

上，向下扭轉

下，向上扭轉

固定後抽絲

左與右側相同

左側完成

後部完成

搭配乾燥花

搭配緞帶

Model: 陳香璃

歐美浪漫編髮

全區上捲

瀏海區

餘分五區

第三區三股加編，抽鬆

第二區分三髮束，每一髮束雙股扭轉

第二、四區扭轉髮束，穿插三股辮

穿插纏繞三股辮固定

第一、五區分二髮束，雙股扭轉抽鬆

固定後方髮辮

前區瀏海整理，完成

Model: Miko 鄭毓謙

蝴蝶結

19 吋電棒完成

分四區，後區綁低馬尾

兩側以橡皮筋固定（如圖），髮尾不拉出

右側往左固定

左側往右固定

髮尾往上蓋住橡皮筋固定

整理線條

正面完成

側部完成

後部完成

Model: 李汶珈

Model: Amber Chang
攝影：莫維平

可愛俏皮風髮型解析

可愛蝴蝶結公主頭

清新活潑編髮

蓬鬆俏皮丸子頭

可愛蝴蝶結公主頭

全區上捲

分四區

頂部區上部髮根刮鬆梳順，橡皮筋固定抽絲

左右二區橡皮筋固定收至後方髮束上，抽出 1/2 髮束

1/2 髮束左右分半，夾子固定

取一小撮髮束向上包覆

整理蝴蝶髮片、髮束

完成

Model: 謝宜庭

清新活潑編髮

上半部上電棒

共分四區

後區上方髮根刮鬆梳順，夾子固定

左側分二束，第一束扭轉抽鬆固定

右側分二束，第一束扭轉抽鬆固定

左側第二束扭轉抽鬆固定

右側第二束扭轉抽鬆
固定

後區下部髮尾用離子
夾向外夾

完成

Model: 張瑋婷

蓬鬆俏皮丸子頭

梳高馬尾

橡皮筋固定於黃金點位置

頂部區拉鬆

馬尾三股編

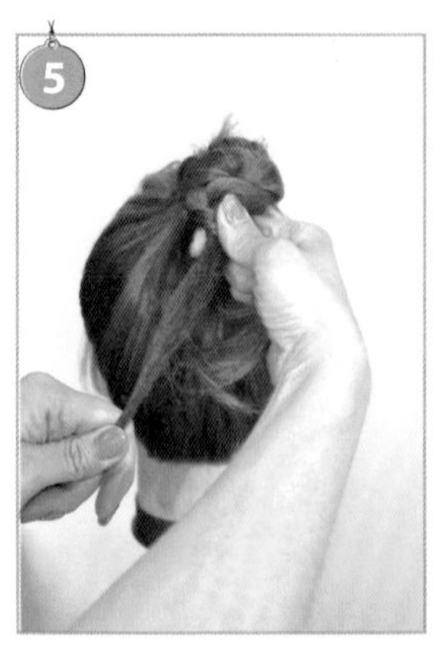

拉住一股餘二股向上推緊，橡皮筋固定

抽鬆髮辮

髮辮扭轉成髻固定

調整髮髻

完成

Model: 林亮妤

Model: Anna Xie

優雅淑女風髮型解析

典雅韓風低髻

復古低馬尾

魔力三股編

優雅髮髻

典雅韓風低髻

全區上捲

分三區

後區上部髮根刮鬆梳順，橡皮筋固定

髮束繞過橡皮筋拉緊

左右二區橡皮筋固定後區髮束下方

髮束繞過橡皮筋拉緊，將上下二髮束抽鬆

餘髮束成馬尾

梳順馬尾

扭轉馬尾收成髻

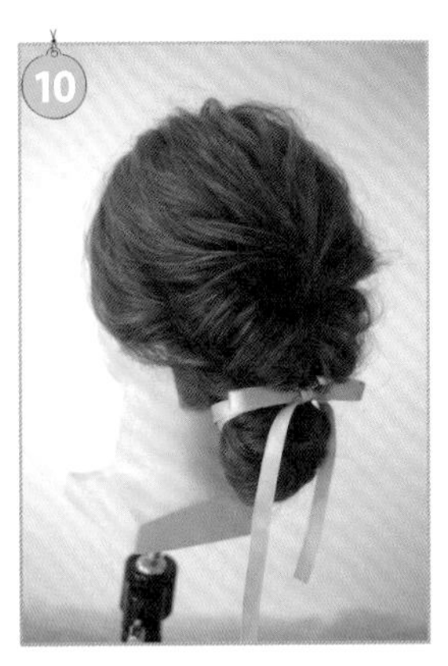

完成

Model: Ka Ka Wang

復古低馬尾

全區上捲

共分五區

後區下方收成束

後區上方髮根刮鬆梳順，橡皮筋固定

左側髮束扭轉纏繞後區馬尾固定

右側髮束扭轉纏繞後區馬尾固定

瀏海區 Z 型分線

右側髮束使用離子夾夾捲

整出 S 波固定

左側亦同

整理馬尾線條

完成

Model: 夏琪菈

魔力三股編

全區上捲

Z 字型分二區

二區分別三股辮加編

左側三股辮加編抽鬆

右側三股辮加編抽鬆

整理二區辮子弧度

將右側髮辮收起

將左側髮辮收起

完成

Model: 林亮妤

優雅髮髻

全區上捲

分六區

瀏海區

後部上方髮根刮鬆抽絲，橡皮筋固定

左右二區扭轉，橡皮筋固定後區髮束上方，抽鬆

後部第二區橡皮筋固定髮束上方，抽鬆

後部第三區左右抓一小髮束，橡皮筋再固定中間髮束上，抽鬆

餘髮分三束，雙股扭轉抽鬆

三髮束收成髻固定

整理瀏海區，完成

Model: 謝宜庭

Model: 蔣花花

造型・美甲・攝影老師作品介紹

劉宜姗 613 造型老師作品分享

洪巧珊 ALLEY 造型老師作品分享

吳若菁美甲老師作品分享

KENNY WU 攝影師作品分享

劉宜姍 613

Stylist

螢造幸福造型工作室　彩妝師

0988-241-198

LINE: yasan8278

國家美容、美髮丙級證照

｜經歷｜

- ✧ 2016 TINA 盃國際競賽技優獎
- ✧ 2017 美國密西根 C 級新娘造型師
- ✧ 2017 美國密西根 C 級特殊彩妝造型師
- ✧ 2017 美國密西根國際菁英盃競賽新娘化妝整體造型組佳作
- ✧ 2017 美國密西根國際菁英盃競賽珠寶捧花佳作
- ✧ 2017 美國密西根國際菁英盃競賽特殊妝佳作
- ✧ 2017 中華形象設計國際競技檢定合格新娘造型師

Model: 呂萱萱

洪巧珊 ALLEY

Stylist

時尚彩妝 / 健康美學

0920-410-198

美容乙級證照

美髮丙級證照

CIP 國際職業美甲師

二級美甲師證照

中華民國經絡鬆筋整體健康調理師

CIP 國際職業推拿理療師

| 經歷 |

✧ 2011 年台積電年終尾牙造型師

✧ 2012 年第 38 屆 GOLDEN 國際傑出美容化妝整體造型設計名師獎

✧ 2012 年金髮金妝十大傑出美髮美容新娘秘書傑出獎

✧ 2013 年竹塹公主選拔賽造型師

✧ 2013 年第 9 屆台灣盃美容美髮技術競賽指甲彩繪最佳設計獎

✧ 2014 年日本東京時尚彩妝整體造型進修研習

✧ 2014 年京劇魔法化妝術進修研習

✧ 2014 年雅詩蘭黛絕對魅力彩妝活動時尚封面 Model

✧ 2015 年韓國首爾時尚彩妝進修研習

✧ 2016 年英國美容全球頂尖認證彩妝二級

Model: Ti Una

吳若菁

Nail Specialist

菁寶貝時尚沙龍
國際講師
（02）8201-8283

吳若菁 LINE

| 經歷 |

✧ 美容乙、丙級證照
✧ 花式指甲彩繪冠軍
✧ TNA 國際盃美甲美睫技能競賽評審
✧ 新北市勞工技藝競賽美容職業類裁判
✧ 新住民整體造型創業研習班講師聘書
✧ 國際盃美容大賽新娘晚宴冠軍
✧ 美國密西根國際技藝菁英賽靜態甲片彩繪亞軍
✧ TINA 國際競賽睫毛造型設計第一名
✧ 大陸國家職業設計資格證照形象設計師
✧ 韓國美容大賽靜態 3D 粉雕組金牌
✧ TNL 國際盃技能競賽睫毛創意設計第一名
✧ COC 中國職能認證美睫評審長
✧ 社團法人中華造型藝術學會講師
✧ TNL 國際盃技能競賽睫毛指甲真人夢幻第二名
✧ 越南睫毛比賽靜態睫毛創意第三名
✧ TINA 美甲美睫美妝大賽評審長
✧ 救國團睫毛課程講師
✧ 馬來西亞 IVY 整體造型學院睫毛課程講師
✧ 緬甸睫毛創業教學講師
✧ 黎明技術學院講師
✧ 廈門亞洲大賽評審

HANE
2017
Hello
Ween

KENNY WU

Photographer

滿天星攝影工作室

連絡電話：0939-545-800

LINE：@cps8177t

工作室專頁：

www.facebook.com/weeding0727/

臉書專頁：

www.facebook.com/wu.74072701

｜專長｜

✧ 自主婚紗 / 婚禮紀錄 / 孕婦寫真 / 閨密寫真 / 親子寫真 / 兒童寫真 / 全家福寫真

Kenny Wu FB

Kenny Wu LINE

Model: Amber Chang

Model: Anna Xie

Model: Anna Xie

Model: 林亮妤

Model:
Vivi Tsai

Model: Joker

螢造幸福の美人心機

24款時尚髮型造型書

出版者 集夢坊
作者 李育螢．林依靜
印行者 全球華文聯合出版平台
總顧問 王寶玲
出版總監 歐綾纖
副總編輯 陳雅貞
責任編輯 吳欣怡
美術設計 陳君鳳
內文排版 MoMo

國家圖書館出版品預行編目（CIP）資料

螢造幸福の美人心機：24款時尚髮型造型書 / 李育螢．林依靜 編著.
-- 新北市：集夢坊出版，采舍國際有限公司發行
2018.4 面； 公分
ISBN 978-986-96132-0-0 （平裝）
1.髮型
425.5 107002050

台灣出版中心 新北市中和區中山路 2 段 366 巷 10 號 10 樓
電話 (02)2248-7896 傳真 (02)2248-7758
ISBN 978-986-96132-0-0
出版日期 2018 年 4 月

郵撥帳號 50017206 采舍國際有限公司（郵撥購買，請另付一成郵資）
全球華文國際市場總代理 采舍國際 www.silkbook.com
地址 新北市中和區中山路 2 段 366 巷 10 號 3 樓
電話 (02)8245-8786 傳真 (02)8245-8718

全系列書系永久陳列展示中心
新絲路書店 新北市中和區中山路 2 段 366 巷 10 號 10 樓 電話 (02)8245-9896
新絲路網路書店 www.silkbook.com 華文網網路書店 www.book4u.com.tw

本書係透過全球華文聯合出版平台（www.book4u.com.tw）印行，並委由采舍國際有限公司（www.silkbook.com）總經銷。採減碳印製流程並使用優質中性紙（Acid & Alkali Free）與環保油墨印刷，通過綠色印刷認證。